Autor: Jürgen Schlüsing
Umschlaggestaltung: Hans-Jürgen Hellberg/ Jürgen Schlüsing
Cover-Foto: Hans-Jürgen Hellberg

Die Autoren, der Dipl.-Physiker Hans-Jürgen Hellberg und der Bauingenieur Dr. Karl Jürgen Schlüsing haben in ihren Vorlesungen für Studienanfänger des Studienganges Wirtschaftsingenieur immer wieder feststellen müssen, dass die vorhandenen mathematischen Grundlagen nicht ausreichen, um sich die naturwissenschaftlichen Grundlagen gleich zu Beginn des Studiums erfolgreich zu erarbeiten. Aus diesem Grund ist diese Booklet-Reihe für Mathematik und Naturwissenschaften entstanden.

Die Booklets unterscheiden sich von den typischen Lehrbüchern, die vollständige Themenbereiche abdecken und meistens sehr umfangreich sind. Dadurch, dass jedes Booklet für ein einzelnes Thema steht, kann sich der Student gezielt auf das gewünschte Thema konzentrieren, ohne ein umfangreiches Lehrbuch oder verschiedene Bücher durchblättern zu müssen. Die Themen in den Booklets werden jeweils auf 25 bis 50 Seiten abgehandelt und wo erforderlich mit dem Verweis auf andere Booklets versehen. Im Falle der Naturwissenschaften erfolgt der Verweis an gegebener Stelle, auf die ergänzenden Booklets der Mathematikserie. Zudem findet der Student im Anhang weitere Literaturhinweise.

Dieses System ermöglicht dem Studenten, Schwerpunkte zu setzen, das Wissen durch kurze Wiederholungen zu festigen und sich schnell und leichter auf Prüfungen vorzubereiten.

Bibliografische Information der Deutschen Nationalbibliothek:
Die Deutsche Nationalbibliothek verzeichnet diese Publikation in der Deutschen Nationalbibliografie; detaillierte bibliografische Daten sind im Internet über dnb.dnb.de abrufbar.

Herstellung und Verlag: BoD – Book on Demand, Norderstedt

ISBN: 978-3-7526-0426-9

a, b, c	Konstanten, Parameter
x, y, z	Variablen
$\rightarrow$	Implikation
$\leftrightarrow$	Äquivalenz
{ }	Mengenklammer
N	Menge der natürlichen Zahlen
Z	Menge der ganzen Zahlen
Q	Menge der rationalen Zahlen
R	Menge der reellen Zahlen
=	Gleichheitszeichen
$\neq$	ist ungleich
∞	unendlich
>	Ist größer
<	ist kleiner
<	ist kleiner
$\geq$	ist größer gleich
$\leq$	ist kleiner gleich
Σ	Summenzeichen
Π	Produktzeichen
[ ]	abgeschlossenes Intervall
$F: X \rightarrow Y$	Abbildung, Funktion
$f(x)$	Funktion mit einer Veränderlichen
$f^{-1}(x)$	Umkehrfunktion
$p_n(x)$	Polynom n-ten Grades

x^n	Potenzfunktion	
a^x	Exponentialfunktion	zur Basis a
e^x	Exponentialfunktion	zur Basis e
$\log_a x$	Logarithmusfunktion	zur Basis a
$\ln x$	natürliche Logarithmusfunktion (Basis e)	

Griechisches Alphabet

α	Alpha	ν		Ny
β	Beta	ξ		Xi
Γ, γ	Gamma	Π, π	Pi	
Δ, δ	Delta	ρ		Rho
ε	Epsilon	Σ, σ		Sigma
ζ	Zeta	Τ		Tau
η	Eta	χ		Chi
Θ, θ	Theta	Φ, φ		Phi
κ	Kappa	Ψ, ψ		Psi
Λ, λ	Lambda	Ω, ω		Omega
μ	My			

1. Grundlagen

1.1 Zahlsysteme

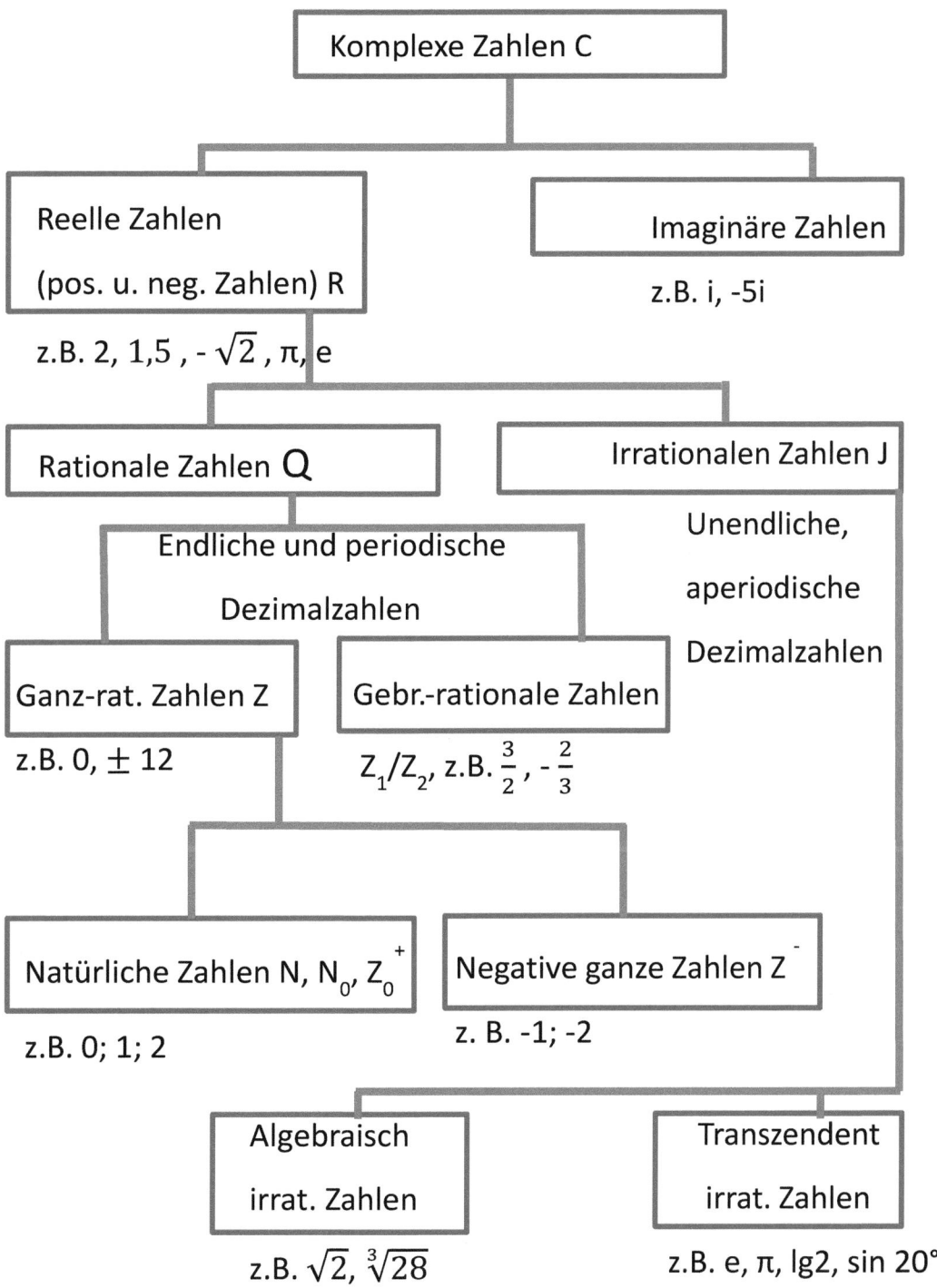

Komplexe Zahlen C

Reelle Zahlen
(pos. u. neg. Zahlen) R

z.B. 2, 1,5 , $-\sqrt{2}$, π, e

Imaginäre Zahlen

z.B. i, -5i

Rationale Zahlen $\mathbf{Q}$

Irrationalen Zahlen J

Unendliche,
aperiodische
Dezimalzahlen

Endliche und periodische
Dezimalzahlen

Ganz-rat. Zahlen Z

z.B. 0, $\pm$ 12

Gebr.-rationale Zahlen

Z_1/Z_2, z.B. $\frac{3}{2}$, $-\frac{2}{3}$

Natürliche Zahlen N, N_0, Z_0^+

z.B. 0; 1; 2

Negative ganze Zahlen Z^-

z. B. -1; -2

Algebraisch
irrat. Zahlen

z.B. $\sqrt{2}$, $\sqrt[3]{28}$

Transzendent
irrat. Zahlen

z.B. e, π, lg2, sin 20°

Natürliche Zahlen

$$N = \{1, 2, 3, \ldots\} \qquad N_0 = \{0, 1, 2, 3, \ldots\}$$

Ganze Zahlen

$$Z = \{\ldots, -3, -2, -1, 0, 1, 2, 3, \ldots\}$$

Rationale Zahlen

$$Q = \left\{ \frac{x}{y} \,\middle|\, x, y \in \square,\ y \neq 0 \right\}$$

Reelle Zahlen

$$R = Q \cup \left\{ \text{irrationale Zahlen wie } \sqrt{2},\ e,\ \pi \right\}$$

1.2 Runden, Interpolieren

1.2.1 Runden

Als zählende Ziffer bei ganzen Zahlen und Dezimalstellen bezeichnet man alle Grundziffern außer den am Anfang oder Ende stehende Nullen.

z.B. <u>2470</u>5000; 0,00<u>7002400</u> (_____ = zählende Ziffern)

Übermäßig viele zählende Ziffern täuschen oft bei Ergebnissen von Messungen oder Schätzungen eine ungerechtfertigte Genauigkeit vor. Sie werden durch Runden beseitigt. Das geschieht dadurch, dass man von rechts her beginnend die überflüssig zählenden Ziffern bei ganzen Zahlen durch Nullen ersetzt und bei Dezimalzahlen weglässt. Die (von rechts her) erste nicht überflüssige Grundziffer wird dabei entweder um 1 erhöht (aufgerundet) oder unverändert gelassen (abgerundet). Das richtet sich nach der (von rechts her) letzten überflüssigen Grundziffer.

Rundungsregel für alle Ziffern außer 5

16,<u>7</u>21 $\approx$ 16,7;   112<u>8</u>09 $\approx$ 112800 ;   0,0<u>5</u>032 $\approx$ 0,050

58,3<u>7</u>91 $\approx$ 58,38;   127<u>0</u>62 $\approx$ 127100 ;   0,8<u>9</u>624 $\approx$ 0,90

Rundungsregel für die 5

Im Geschäftsleben

Vor einer 5 wird stets aufgerundet

12<u>7</u>5 $\approx$ 1280 ;   3,<u>9</u>524 $\approx$ 4,0

In Wissenschaft und Technik

  a) Vor einer 5 wird aufgerundet, wenn rechts von der 5 noch weitere zählende Ziffern folgen.

     0,<u>2</u>5002 $\approx$ 0,3;   160<u>9</u>53 $\approx$ 161000

9

b) Ist die 5 die letzte zählende Ziffer und ist bekannt, dass sie bei einer vorangegangenen Rechnung durch Abrunden (Aufrunden) entstanden ist, so wird vor ihr aufgerundet (abgerundet).

$16,2\underline{5}4 \approx 16,25;$ $27\underline{4}86 \approx 27500;$ $0,34\underline{9}9 \approx 0,35$

$16,\underline{2}54 \approx 163 ;$ $2\underline{7}486 \approx 27000;$ $0,\underline{3}499 \approx 0,3$

c) Ist 5 von vornherein die letzte zählbare Ziffer oder ist nicht bekannt, wie sie entstand, so wird nach der „Gerade-Zahl-Regel" gerundet, d.h. so, dass die von rechts her erste nicht überflüssige Grundziffer gerade wird.

$26\underline{8}5 \approx 2680;$ $13,7\underline{7}500 \approx 13,78$

1.2.2 Lineare Interpolation

Z	...	2	3	4
...				
1,2		0,8888	0,8907	0,8925
1,3		0,9049	0,9066	0,9082
1,4		0,9192	0,9207	0,9222

Tafel der Funktionswerte (Wahrscheinlichkeiten) der Verteilungsfunktion F(z)

$$f(z) = \frac{1}{\sqrt{2\pi}} \int_{-\infty}^{z} e^{-\frac{1}{2}t^2} \, dt$$

Darstellung der linearen Interpolation

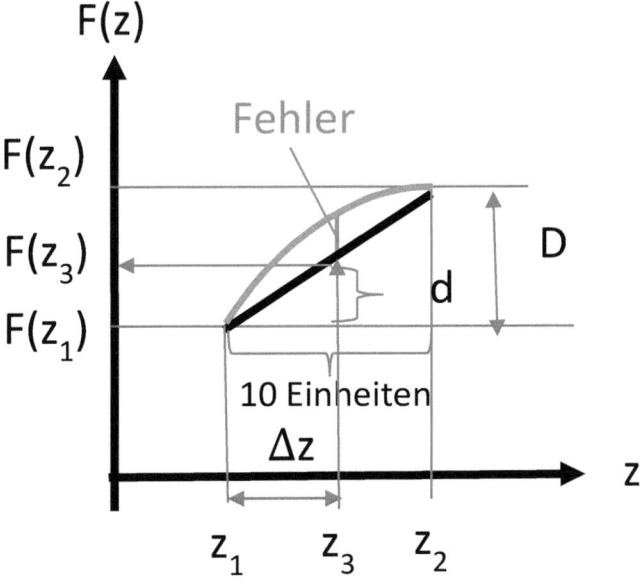

Gegeben:

z_1, z_2, $F(z_1)$, $F(z_2)$, D , $z_3 - z_1 = \Delta z$

Gesucht: $d = F(z_3) - F(z_1)$

1. Schritt: Bestimmung von $D = F(z_2) - F(z_1)$

und $\Delta z = z_3 - z_1$

2. Schritt: $\frac{d}{\Delta z} = \frac{D}{10}$ => $d = \Delta z \cdot \frac{D}{10}$

$d = F(z_3) - F(z_1)$ => $F(z_3) = d + F(z_1)$

1. Beispiel: z_3: 1,234; $F(z_3)$ =?

Tafeldifferenz D: $25 - 7 = 18$

$\Delta z = z_3 - z_1 = 4$ (von 10 Schritten)

$4/10 \cdot D = 4/10 \cdot 18 = 7,2$; $F(z_1) = 0,8907 + 0,00072 = 0,89142 = F(z_3)$

2. Beispiel: $z_3 = 1,436$, $F(z_3)$ =?

1. Schritt:

$0,9222 - 0,9207 = 0,0015 \rightarrow 15 = D$

$\Delta z = 1,436 - 1,430 = 0,0060 \rightarrow 6$

2. Schritt:

$$\frac{d}{6} = \frac{D}{10} \;\text{->}\; d = 6 \cdot \frac{D}{10} = 6 \cdot \frac{15}{10} = 9$$

$$F(z_3) = 0,9207 + 0,0009 = 0,92160$$

Durch lineares Interpolieren kann noch eine weiter zählende Ziffer

berücksichtigt werden.

(Genauigkeit wird erhöht)

2. Beispiel: $F(z) = 0,9072$; $z_3 =$?

D = F 1,34) − F (1,33) = 0,9082 − 0,9066 = 16

d = 0,9072 − 0,9066 => 6

Dreisatz: 16 = D(z)

$$\text{=> } x = \frac{10}{16} \cdot 6 = 3,75; \; z_3 = 1,330 + 0,00375 = \underline{1,33375}$$

$$6 = D(F_z)$$

Aufgaben Interpolation:

a) z: 1,228;   1,326; F(z) =?

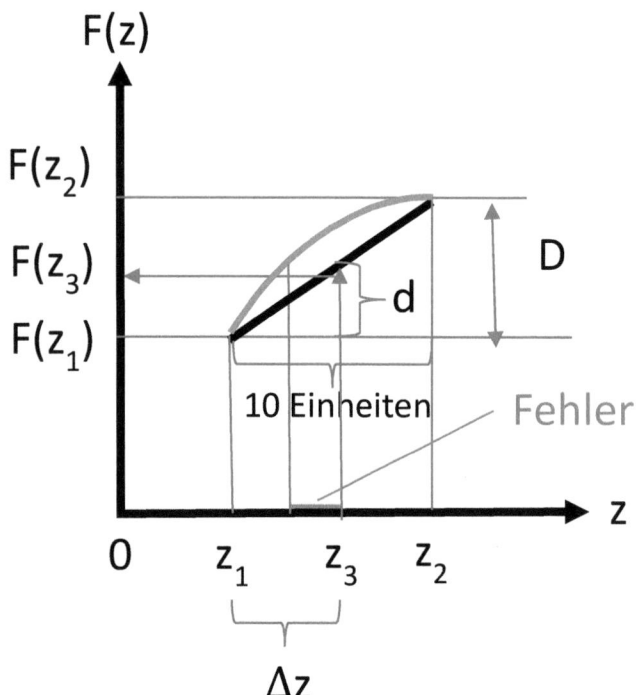

Durch Interpolation wird
die Genauigkeit um eine
Dezimale erhöht!

a) Gegeben:

$$F(z_1 + d) = F(z_3); z_1, z_2, F(z_1), F(z_2), D$$

Gesucht: $z_3 = z_1 + \Delta z$

1. Schritt: Bestimmung von $D = F(z_2) - F(z_1)$

und $d = F(z_3) - F(z_1)$

2. Schritt: $\frac{\Delta z}{d} = \frac{10}{D} \Rightarrow d = \Delta z = \frac{d}{D} \cdot 10$

Z	...	2	3	4
...				
1,2		0,8888	0,8907	0,8925
1,3		0,9049	0,9066	0,9082
1,4		0,9192	0,9207	0,9222

Beispiel: $F(z_3) = 0,92013$, $z_3 = ?$

1. Schritt:

$0,92013 - 0,9192 = 0,00093 \to 9,3 = d$

$D = 0,9207 - 0,9192 = 0,0015 \to 15$

2. Schritt:

$\frac{\Delta z}{9,3} = \frac{10}{15} \to \Delta z = \frac{9,3}{15} \cdot 10 = 6,2$

$z_3 = 1,420 + 0,0062 = 1,4262$

Aufgabe:

b) $F(z)$:   0,8901;   0,9080 ; z = ?

Lineare Interpolation zwischen 4 Werten:

Z	...	3	4	5
1,2		0,8907	0,8925	0,8944
1,3		0,9061	0,9077	
1,4				
1,5		0,9370	0,9382	0,9394

Beispiel: $z_3 = 1{,}334$; $F(z_3) = ?$

1. Schritt: Berechnung der Werte $F(1{,}33)$ und $F(1{,}34)$

2. Schritt: Interpolation zwischen diesen Werten

1) $D_1 = 0{,}9370 - 0{,}8907 = 0{,}0463$　　　　$D_2 = 0{,}9382 - 0{,}8925 = 0{,}0457$

$d_1 = 0{,}0463/3 = 0{,}01543$　　　　　　　　$d_2 = 0{,}0457/3 = 0{,}01523$

$F(1{,}33) = 0{,}8907 + 0{,}01543 = 0{,}90613$　$F(1{,}34) = 0{,}8925 + 0{,}01523 = 0{,}90773$

2) $d_3 = 0{,}9077 - 0{,}9061 = 0{,}0016$; $d_3 = 0{,}0016 \cdot 4/10 = 0{,}00064$

$F(1{,}334) = 0{,}9061 + 0{,}00064 = 0{,}90674$

Aufgabe:　c) $z = 1{,}448$:　$F(z) = ?$

Z	...	3	4	5
1,2		0,8907	0,8925	0,8944
1,3			0,9077	
1,4				
1,5		0,9370	0,9382	0,9394

Potenzen und Wurzeln (Regeln):

$$(1)\ a^x \cdot a^y = a^{\,x+y} \qquad (4)\ a^x \cdot b^x = (a \cdot b)^x$$

$$(2)\ a^{-x} = \frac{1}{a^x} \qquad\qquad (5)\ \frac{a^x}{b^x} = \left(\frac{a}{b}\right)^x \qquad (7)\ \sqrt[n]{x} = x^{\frac{1}{n}}$$

$$Geltungsbereich:$$

$$(3)\ \frac{a^x}{a^y} = a^{x-y} \qquad\quad (6)\ \left(a^x\right)^y = a^{x \cdot y} \qquad a, b \in R_+,\ x, y \in R$$

Aufgaben Potenzrechnung:

a)　$4^2 \cdot 2^4 \cdot 8^{-1}$

b)　$(x \cdot y)^{-3}(x^{-2} \cdot y\text{-}3)^{-2}$

c)　$\sqrt[3]{16xy4} \cdot \sqrt[3]{4x^2y^2}$

d)　$\sqrt[5]{\dfrac{x^3}{32}}$

e)　$(x^4 \cdot y^8)^{-0,25} \cdot x \cdot 4^{-1}$

f)　$(x^{0,2} \cdot y^2)^{-5}\ (\sqrt{x} \cdot y^2)^4$

g)　$12^{-2} \cdot 2^3 \cdot 18$

h)　$\sqrt[4]{\dfrac{x^2}{81}}$

i)　$(10r^2 - 9rs - 22rt - 7s^2 + 27st + 4t^2) : (5r - 7s - t)$

$$
\begin{array}{lll}
\textbf{Binomische} & \text{I.} & (a+b)^2 = a^2 + 2ab + b^2 \\
\textbf{Formeln:} & \text{II.} & (a-b)^2 = a^2 - 2ab + b^2 \\
& \text{III.} & (a+b)(a-b) = a^2 - b^2
\end{array}
$$

Aufgaben binomische Formeln: Bitte berechnen und vereinfachen Sie:

j) $(x+y)^2 - x^2 + y^2 - (x-y)^2 + x^2 - y^2 =$

k) $\dfrac{(x+y)^2}{x^2-y^2} - \dfrac{x^2-y^2}{(x-y)^2} =$

1.5 Zahlensysteme

(Dezimal-Dual- und Hexadezimalsystem)

a) Dezimalsystem

Im Dezimalsystem benutzt man die arabischen Ziffern von
0, 1, 2....9 und drückt mit Hilfe von Zehnerpotenzen alle Zahlen
aus. Man schreibt

für 65027,15:

$6 \cdot 10^4 + 5 \cdot 10^3 + 0 \cdot 10^2 + 2 \cdot 10^1 + 7 \cdot 10^0 + 1 \cdot 10^{-1} + 5 \cdot 10^{-2}$

Hierin ist 65027,15 eine abgekürzte Schreibweise, bei der man
die Zehnerpotenzen und die Additions-zeichen fortgelassen hat.
Die Zahl 10 heißt die Basis des Zahlsystems.

Da der Wert einer Ziffer von ihrer Stellung in der Zahl abhängt, spricht
man von einem Stellenwertsystem. Man kann diese
Stellenschreibweise für beliebige Basiszahlen benutzen.

Das römische Zahlensystem z.B. ist kein Stellenwertsystem!

b) Dualsystem

Verwendet man statt Zehnerpotenzen Potenzen der Zahl 2, so benötigt man nur 2 Ziffer 0 und 1 und erhält in entsprechender Weise das Dualsystem.

0 und 1 können durch 2 Zustände eines Schalters (aus-ein) realisiert werden.

Deshalb wird dieses System in Computersystemen

verwirklicht. Statt der 1 nutzt man L, um keine

Verwechselungen mit dem Dezimalsystem zu haben.

Beispiel: $13 = 8 + 4 + 1 = 1 \cdot 2^3 + 1 \cdot 2^2 + 0 \cdot 2^1 + 1 \cdot 2^0 = \text{LLOL}$

$$0 = 0 \cdot 2^0 = 0$$

$$1 = 1 \cdot 2^0 = L$$

$$2 = 1 \cdot 2^1 + 0 \cdot 2^0 = LO$$

$$3 = 1 \cdot 2^1 + 1 \cdot 2^0 = LL$$

$$4 = 1 \cdot 2^2 + 0 \cdot 2^1 + 0 \cdot 2^0 = LOO$$

$$0,5 = 1 \cdot 2^{-1} = 0,L$$

$$0,25 = 0 \cdot 2^{-1} + 1 \cdot 2^{-2} = 0,0L$$

$$0,125 = 0 \cdot 2^{-1} + 0 \cdot 2^{-2} + 1 \cdot 2^{-3} = 0,00L$$

Man sieht, dass man im Dualsystem zur Darstellung der Zahlen im Allgemeinen wesentlich mehr Stellen benötigt. Diesem Nachteil steht aber auch ein enormer Vorteil gegenüber: nur die Ziffern 0 und L werden benötigt! In der Computersprache nennt man eine Dualstelle ein Bit (binary digit). 8 Bits bilden ein Byte.

Beispiel: $58 = 1 \cdot 2^5 + 1 \cdot 2^4 + 1 \cdot 2^3 + 0 \cdot 2^2 + 1 \cdot 2^1 + 0 \cdot 2^0 = \text{LLLOLO}$

Die letzte 0 darf nicht vergessen werden, die immer bei vollen Zweiern, also den geraden Zahlen, auftritt.

c) Hexadezimalsystem

Große Binärzahlen haben den Nachteil, dass sie sehr

unübersichtlich sind.

Die Basis hierbei beträgt 16; eine Hexadezimalzahl

entspricht 4 Dualstellen.

Bei Zahlen über 9, also 10,11, … ,15 benutzt man die großen

Buchstaben A, B, C, D, E, F,

Somit ist $14 = 14 \cdot 16^0 = E,0_{16}$

$583_{10} = 2 \cdot 16^2 + 4 \cdot 16^1 + 7 \cdot 16^0 = 247_{16}$

$\frac{1}{2} = 0,8_{16}$ 1.Stelle hinter dem Komma ist $\frac{1}{16}$.

$\frac{1}{4} = 0,4_{16}$

2. Stelle hinter dem Komma ist $\frac{1}{16^2} = \frac{1}{256}$.

Anwendungsbereiche: Computer, Elektronik

Aufgaben Dualsystem:

Man schreibe folgende Zahlen im Dualsystem: 7; 66, 479

Man bilde die Summen der Dualzahlen: LOL + LL; LLLLL + LLLLL

Wie lauten die Produkte der Dual Zahlen? LLOO · LL; LLLLL · LLLLL

1.6 Logarithmus

$$\log_a b = c \quad \Leftrightarrow \quad a^c = b \qquad \text{Voraussetzung: } a, b > 0$$

1.6.1 Der Begriff des Logarithmus

Logarithmus von *b* zur Basis *a*:

- Mit welcher Zahl *c* muss man die Basis *a* potenzieren, damit man das Ergebnis *b* erhält?

- oder *a* hoch was ist *b*?

1.6.2 Logarithmusgesetze

Logarithmusregeln:

1. $\log_x(a \cdot b) = \log_x a + \log_x b$

2. $\log x(\frac{a}{b}) = \log_x a - \log_x b$

3. $\log_x(ab) = b \cdot \log_x a7$

4. $\log_a x = \dfrac{\log x}{\log a} = \dfrac{\ln x}{\ln a}$

Definitionen:

$\log 10\, x = \lg x$

$\log_e x = \ln x$

Mit: $e = 2{,}71828183 = $ Eulersche Zahl

1.6.3 Logarithmensysteme

Die Gesamtheit aller Logarithmen zu einer festen Basis

(> 0, 1) nennt man Logarithmensystem.

a) Dekadische oder Brigg'sche Logarithmen
    Alle Logarithmen mit der Basis 10 bilden das

    dekadische Logarithmensystem: $\log_{10} a = \lg a$

b) Natürliche Logarithmen
    Alle Logarithmen mit der Basis e bilden das natürliche

    Logarithmussystem und finden

Anwendung in Physik, Wirtschaft und Technik.

$$e = \lim_{n \to \infty} (1 + 1/n)^n = 2{,}718281828....$$

$\log_e a = \ln a$; $\ln e = 1$; $\ln 1 = 0$

c) Zweierlogarithmen (Binärlogarithmen)
    Alle Logarithmen mit der Basis 2 (Informationstheorie,

    Nachrichtenverarbeitung): $\log_2 a = \mathrm{lb}\, a$

Mit einem Basiswechsel wechselt man von einem Logarithmussystem

zum anderen.

Aufgaben Logarithmus:

Berechnen Sie bitte mit Taschenrechner:

ln 100 =   ln 0,5 =

ln 10 =   ln 0,1

ln1 =   ln 0,001 =

Berechnen Sie <u>ohne</u> Taschenrechner die Variable x:

a) $3^x = 81$

b) $4^x = 32$

c) $4^{5x-2} = 6$

d) $\ln(e^x) = 13$

e) $e^{\ln x} = 15$

f) $4^{x+1} = 2^{x+2}$

g) Man schreibe in Form einer Exponentialgleichung: $y = \log_3 4$

h) Man schreibe logarithmisch: $10^x = 0,00001$

i) Bestimmen Sie den Logarithmus: $\log_3 \frac{1}{81} = x$

j) Spalten Sie auf in 4 Terme: $\log_{10} \frac{uv}{wy}$

k) Fassen Sie zusammen: $\log_a 3 + \log_a \frac{2}{3a}$

l) $\log_{10} \sqrt{x+1} = 1$

m) Als p_H-Wert bezeichnet man in der Chemie den negativen dekadischen Logarithmus der molaren Wasserstoffionen-konzentration c_H.

Wie groß ist p_H, wenn $c_H = 2,5 \cdot 10^{-4}$ ist?

Wie groß ist c_H, wenn $p_H = 2,5607$

Zusammenstellung Gesetze

Potenzen und Wurzeln

$$a^n = a \cdot a \cdot a \cdot a \cdot \ldots \cdot a, \quad n \in \mathbf{N} \; n \geq 2, a \neq 0, \text{ wobei } a^0 = 1, \; a^1 = a$$

$$\sqrt[n]{a} = x \Leftrightarrow x^n = a, \quad a \geq 0, n \in \mathbf{N}, n \geq 2, x \geq 0, \; \sqrt[2]{a} = \sqrt{a}$$

$a^m \cdot a^n = a^{m+n}$	$\sqrt[n]{a} \cdot \sqrt[n]{b} = \sqrt[n]{a \cdot b}$	$a^{-n} = \frac{1}{a^n}$
$a^m / a^n = a^{m-n}$	$\sqrt[n]{a} / \sqrt[n]{b} = \sqrt[n]{\frac{a}{b}}$	$a^{\frac{1}{n}} = \sqrt[n]{a}$
$a^n \cdot b^n = (a \cdot b)^n$	$(\sqrt[n]{a})^m = \sqrt[n]{(a^m)}$	$a^{\frac{m}{n}} = \sqrt[n]{a^m}$
$a^n / b^n = \left(\frac{a}{b}\right)^n$	$\sqrt[m]{\sqrt[n]{a}} = \sqrt[mn]{a} = \sqrt[n]{\sqrt[m]{a}}$	$a^{\frac{-m}{n}} = \frac{1}{\sqrt[n]{a^m}}$
$(a^m)^n = a^{mn} = (a^n)^m$		

Logarithmen

$$x = \log_b a \Leftrightarrow b^x = a \quad (a, b > 0 \text{ und } b \neq 1) \text{ daraus folgt } \log_b b = 1; \; \log_b 1 = 0$$

$$\log(u \cdot v) = \log u + \log v \; ; \quad \log u^n = n \cdot \log u$$

$$\log\left(\frac{u}{v}\right) = \log u - \log v \; ; \quad \log \sqrt[n]{u} = \frac{1}{n} \cdot \log u$$

Grundgesetze

Kommutativgesetz	$a + b = b + a$	$a \cdot b = b \cdot a$
Assoziativgesetz	$(a + b) + c = a + (b + c)$	$(a \cdot b) \cdot c = a \cdot (b \cdot c)$
Distributivgesetz	$a \cdot (b + c) = a \cdot b + a \cdot c$	

Rechnen mit rationalen Zahlen

Gleichheit	$\frac{a}{b} = \frac{c}{d}$	wenn $\; a \cdot d = c \cdot b$
Erweitern	$\frac{a}{b} = \frac{a \cdot z}{b \cdot z}$	
Kürzen	$\frac{a}{b} = \frac{a/z}{b/z}$	$(z \neq 0)$
Addition	$\frac{a}{b} + \frac{c}{d} = \frac{ad+bc}{bd}$	
Subtraktion	$\frac{a}{b} - \frac{c}{d} = \frac{ad-bc}{bd}$	
Multiplikation	$\frac{a}{b} \cdot \frac{c}{d} = \frac{ac}{bd}$	
Division	$\frac{a}{b} / \frac{c}{d} = \frac{ad}{bc}$	

Binomische Formeln

$(a + b)^2 = a^2 + 2ab + b^2$	$(a - b)^2 = a^2 - 2ab + b^2$
$a^2 + b^2$ nicht zerlegbar (im Reellen)	$a^2 - b^2 = (a + b) \cdot (a - b)$

Quadratische Gleichung

$ax^2 + bx + c = 0 \; (a \neq 0)$	$x_{1,2} = \frac{-b \pm \sqrt{b^2 - 4ac}}{2a}$
$x^2 + px + q = 0$	$x_{1,2} = -\left(\frac{p}{2}\right) \pm \sqrt{\left(\frac{p}{2}\right)^2 - q}$

Lösungen

Lösungen Interpolation:

a) z_3:   1,228;   1,326; $F(z_3)$ =?

1,220   0,8888

$\qquad$ 10;   19 => $\frac{8}{10} \cdot 19 = \frac{152}{10} = 15,2$ => 0,8888 + 0,00152 = 0,89032

1,230   0,8907

1,320   0,9049

$\qquad$ 10; 17 => $\frac{6}{10} \cdot 17 = \frac{102}{10} = 10,2$ => 0,9049 + 0,00102 = 0,90592 = $F(z_3)$

1,330   0,9066

b) $F(z_3)$:   0,8901;   0,9080 ; z_3 = ?

0,8901   0,8907

$\qquad$ 13;   19 => $\frac{13}{19} \cdot 10 = \frac{130}{19} = 6,8$ => 1,220 + 0,0068 = 1,2268

0,8888   0,8888

0,9080   0,9082

$\qquad$ 14; 16 => $\frac{14}{16} \cdot 10 = \frac{140}{16} = 8,75$ => 1,330 + 0,00875 = 1,33875 = z_3

0,9066   0,9066

c) $z = 1{,}448 :$ F(z) = ?

Z	...	3	4	5
1,2		0,8907	0,8925	0,8944
1,3			0,9077	
1,4			0,9230	**0,9244**
1,5		0,9370	0,9382	0,9394

$0{,}8925 + 2 \cdot 0{,}0152 = 0{,}9230$

$0{,}9394 - 0{,}8944 = 0{,}0450 => 0{,}0450/3$

$= 0{,}0150;\ 0{,}8944 + 0{,}0300 = 0{,}9244$

$0{,}9244 - 0{,}9230 = 0{,}0014;\ 0{,}0014 \cdot 8/10$

$= 0{,}00112;\ 0{,}9230 + 0{,}00112 = 0{,}92412 = F(z)$

Lösungen Potenzrechnung:

a) $4^2 \cdot 2^4 \cdot 8^{-1} = 32$

b) $(x \cdot y)^{-3} (x^{-2} \cdot y\text{-}3)^{-2}$ $\quad \dfrac{x^4 y^6}{x^3 y^6} = x$

c) $\sqrt[3]{16xy4} \cdot \sqrt[3]{4x^2 y^2}$ $\quad \sqrt[3]{4^3 \cdot x^3 \cdot y^6} = 4xy^2$

d) $\sqrt[5]{\dfrac{x^3}{32}}$ $\quad \dfrac{1}{2} \sqrt[5]{x^3} = \dfrac{1}{2} x^{\frac{3}{5}}$

e) $(x^4 \cdot y^8)^{-0{,}25} \cdot x \cdot 4^{-1} = \dfrac{x}{4 \cdot \sqrt[4]{x^4 \cdot y^8}} = \dfrac{1}{4y^2}$

$\qquad\qquad = \dfrac{x^2 \cdot y^8}{x \cdot y^{10}} = \dfrac{x}{y^2}$

f) $(x^{0,2} \cdot y^2)^{-5} (\sqrt{x} \cdot y^2)^4$

g) $12^{-2} \cdot 2^3 \cdot 18 \quad = \dfrac{8 \cdot 18}{144} = 1$

h) $\sqrt[4]{\dfrac{x^2}{81}} \quad = \dfrac{1}{3}\sqrt{x}$

i) $(10r^2-9rs-22rt-7s^2+27st+4t^2) : (5r-7s-t) = \quad 2r+s-4t$

$\underline{-(10r^2-14rs-\ 2rt)}$

$\quad\quad 5rs - 20rt$

$\quad\quad \underline{-(\ 5rs\ \ -7s^2 - st)}$

$\quad\quad\quad\quad -20rt + 28st + 4t^2$

$\quad\quad\quad\quad \underline{-(-20rt + 28st + 4t^2)}$

$\quad\quad\quad\quad 0$

Lösungen binomische Formeln: berechnen und vereinfachen Sie:

j) $(x+y)^2 -x^2 +y^2 -(x-y)^2 +x^2 -y^2 =$

$x^2+2xy+y^2-x^2+y^2 -(x^2-2xy+y^2) + x^2-y^2 = 4xy$

k) $\dfrac{(x+y)^2}{x^2-y^2} - \dfrac{x^2-y^2}{(x-y)^2} =$

$\dfrac{(x+y)^2}{(x-y)(x+y)} - \dfrac{(x-y)(x+y)}{(x-y)^2} = 0$

Lösungen Dualsystem:

Man schreibe folgende Zahlen im Dualsystem: 7; 66, 479

LLL; LOOOOLO; LLLOLLLLL

Man bilde die Summen der Dualzahlen: LOL + LL; LLLLL + LLLLL

LOL + LL = LOOO

LLLLL + LLLLL = LLLLLO

Wie lauten die Produkte der Dual Zahlen? LLOO · LL; LLLLL · LLLLL

LLOO · LL = LOOLOO

LLLLL · LLLLL = LLLLOOOOOL

Lösungen Logarithmus:

Logarithmus

ln 100 = 4,6   ln0,5 = - 0,693

ln 10 = 2,3   ln 0,1= -2,3

ln 1 = 0   ln 0,001 = -6,91

ln x

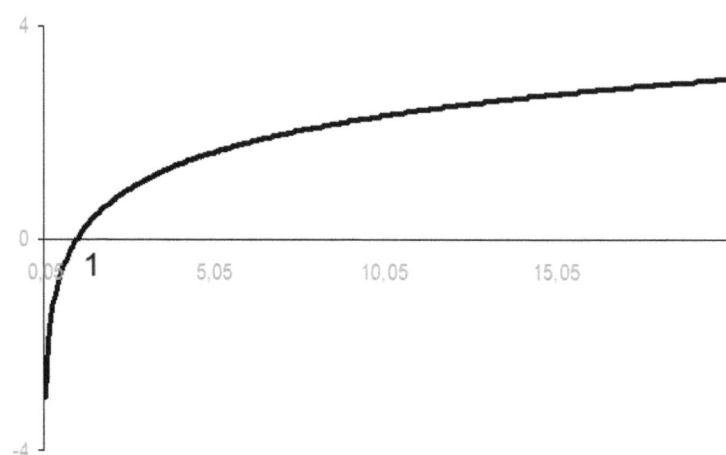

a) $3^x = 81$ $\qquad$ $x = 4$

b) $4^x = 32$ $\qquad$ $4^x = 16 \cdot 2 = 4^2 \cdot 4^{0,5} = 4^{2,5}$

c) $4^{5x-2} = 64$ $\qquad$ $x = 1$

d) $\ln(e^x) = 13$ $\qquad$ $x = 13$

e) $e^{\ln x} = 15$ $\qquad$ $\ln e^{\ln x} = \ln 15 \mid$ logarithmieren

$\qquad$ $\ln x = \ln 15 \mid$ entlogarithmieren

$\qquad$ $x = 15$

f) $4^{x+1} = 2^{x+2}$ $\qquad$ $x = 0$

g) Man schreibe in Form einer Exponentialgleichung:

$\qquad$ $y = \log_3 4$ $\qquad$ $3^y = 4$

h) Man schreibe logarithmisch: $10^x = 0,00001$ $\quad$ $x = 0,00001$

i) Bestimmen Sie den Logarithmus: $\log_3 \frac{1}{81} = x$; $x = -4$; $3^{-4} = \frac{1}{81}$

j) Spalten Sie auf in 4 Terme: $\log_{10} \frac{uv}{wy}$

k) Fassen Sie zusammen: $\log_a 3 + \log_a \frac{2}{3a}$ $\qquad$ $= \log_a \frac{6}{3a} = \log_a \frac{2}{a}$

l) $\log_{10} \sqrt{x+1} = 1$ $\quad$ $x = 99$; $\log_{10} 10 = 1$

m) Als p_H-Wert bezeichnet man in der Chemie den negativen dekadischen Logarithmus der molaren Wasserstoffionenkonzentration c_H.

Wie groß ist p_H, wenn $c_H = 2,5 \cdot 10^{-4}$ ist?

$0,0001 \cdot 2,5 = 0,00025$; $\lg 0,00025 = -3,60206 \Rightarrow pH = 3,6206$

Wie groß ist c_H, wenn $p_H = 2,5607$

$c_H = 10^{-2,5607} = 0,00275 = 2,75 \cdot 10^{-3}$

Literaturverzeichnis

Vorlesungsskript Höhere Mathematik (TWL) Detlef Uhlich

Mathematik für Ingenieure und Naturwissenschaftler, Lothar Papula,

Band 1, Vieweg-Verlag

Mathematik für Ingenieure und Naturwissenschaftler, Lothar Papula,

Band 2, Vieweg-Verlag

Mathematik für Ingenieure und Naturwissenschaftler, Lothar Papula,

Klausur- und Übungsaufgaben, Vieweg-Verlag

Mathematische Formelsammlung, Lothar Papula, Vieweg-Verlag

Mathematik für Ingenieure, Lehrbuch, Thomas Rießinger, Springer Vieweg

Mathematik für Ingenieure, Übungsbuch, Thomas Rießinger, Springer Vieweg

3000 solved Problems in Calculus, Elliott Mendelson,

Schaum's outlines

Höhere Mathematik kompakt, Lehrbuch, Georg Hoever,

Springer Spektrum

Arbeitsbuch Höhere Mathematik, Lehrbuch, Georg Hoever,

Springer Spektrum

Physik   Dipl.-Phys. Hans-Jürgen Hellberg Heft 1 bis 4, BoD